Mina Kumari

Desvendar os mistérios da Inteligência Artificial

AF294816

Mina Kumari

Desvendar os mistérios da Inteligência Artificial

Uma viagem às profundezas da aprendizagem automática

ScienciaScripts

This book is a translation from the original published under ISBN 978-620-7-47290-1.

Publisher:
Sciencia Scripts
is a trademark of
Dodo Books Indian Ocean Ltd. and OmniScriptum S.R.L publishing group

120 High Road, East Finchley, London, N2 9ED, United Kingdom
Str. Armeneasca 28/1, office 1, Chisinau MD-2012, Republic of Moldova, Europe
Printed at: see last page
ISBN: 978-620-7-60941-3

Desvendar os Mistérios da Inteligência Artificial: Uma viagem às profundezas da aprendizagem automática

Por

Dr. Mina Kumari

Universidade K.R. Mangalam, Sohna, Gururgram

Prefácio

No panorama tecnológico em constante evolução, há um fenómeno que se destaca pela sua excecional promessa e complexidade: A Inteligência Artificial (IA). Desde os domínios da ficção científica até à vanguarda da inovação, a IA conquistou a imaginação da humanidade e tornou-se parte integrante das nossas vidas. Este livro, "Unraveling the Mysteries of Artificial Intelligence", procura desmistificar este campo fascinante, explorando as suas origens, princípios, aplicações e implicações.

Saudações calorosas,

Dr. Mina Kumari

Índice

Capítulo 1: O nascimento da inteligência

Introdução à Inteligência Artificial

A Inteligência Artificial (IA) é um domínio multidisciplinar da ciência informática que se centra na criação de máquinas inteligentes capazes de simular comportamentos semelhantes aos humanos. O conceito de IA remonta a mitos e folclore antigos, em que as histórias de seres mecânicos dotados de atributos semelhantes aos do ser humano captavam a imaginação das sociedades. No entanto, a era moderna da IA começou em meados do século XX com o advento dos computadores electrónicos e o trabalho pioneiro de visionários como Alan Turing.

Origens da IA:

Alan Turing, um matemático britânico, é frequentemente considerado o pai da informática moderna e da IA. Em 1950, Turing propôs o famoso Teste de Turing como um critério para determinar a capacidade de uma máquina apresentar um comportamento inteligente indistinguível do de um ser humano. Este trabalho seminal lançou as bases para o domínio da IA, colocando questões fundamentais sobre a natureza da inteligência e a possibilidade de a reproduzir nas máquinas.

Primeiros desenvolvimentos:

As décadas de 1950 e 1960 testemunharam um progresso significativo na investigação sobre IA, alimentado pelo otimismo e entusiasmo quanto ao potencial dos computadores para imitarem as funções cognitivas humanas. Os investigadores exploraram a IA simbólica, que envolvia a representação do conhecimento sob a forma de símbolos e a utilização de sistemas baseados na lógica para os manipular. Uma realização notável durante este período foi o desenvolvimento do Logic Theorist por Allen Newell e Herbert A. Simon, considerado o primeiro programa de IA capaz de provar teoremas matemáticos.

O inverno da IA:

Apesar dos sucessos iniciais, a investigação em IA deparou-se com desafios e retrocessos nas décadas de 1970 e 1980, levando ao que ficou conhecido como o "inverno da IA". Os cortes nos financiamentos, as expectativas irrealistas e o facto de não se ter conseguido atingir uma inteligência de nível humano diminuíram o entusiasmo por esta área, provocando um período de estagnação e desilusão.

O ressurgimento da IA:

O final do século XX assistiu a um ressurgimento do interesse pela IA, impulsionado pelos avanços na capacidade de computação, pela inovação algorítmica e pela disponibilidade de grandes quantidades de dados. O aparecimento de redes neuronais e algoritmos de aprendizagem automática revitalizou o campo, permitindo avanços em áreas como a visão computacional, o processamento de linguagem natural e a robótica.

Paisagem contemporânea:

Atualmente, a IA está presente em quase todos os aspectos da vida moderna, desde os assistentes virtuais nos smartphones aos automóveis autónomos e aos sistemas de recomendação personalizados. O rápido progresso da IA conduziu a aplicações transformadoras nos sectores da saúde, finanças, transportes, entretenimento e outros, remodelando as indústrias e revolucionando a forma como vivemos, trabalhamos e interagimos com a tecnologia.

Panorama histórico: De Alan Turing às redes neuronais

A evolução da Inteligência Artificial (IA) é marcada por marcos significativos, desde os quadros teóricos às aplicações práticas. Esta panorâmica histórica traça o percurso da IA desde o seu início com Alan Turing até ao desenvolvimento das redes neuronais, uma pedra angular da investigação moderna em IA.

Alan Turing e o Teste de Turing (1950):

Alan Turing, um matemático e cientista informático britânico, propôs o Teste de Turing no seu artigo seminal "Computing Machinery and Intelligence" em 1950. O Teste de Turing serve como critério para determinar se uma máquina pode exibir um comportamento inteligente indistinguível do de um ser humano. Este conceito inovador lançou as bases da investigação em IA ao enquadrar a questão do que significa para uma máquina ser inteligente.

IA simbólica inicial e sistemas baseados na lógica (anos 1950-1960):

Nas décadas de 1950 e 1960, os investigadores exploraram a IA simbólica, que envolvia a representação do conhecimento sob a forma de símbolos e a utilização de sistemas baseados na lógica para os manipular. Um feito notável durante este período foi o desenvolvimento do Logic Theorist por Allen Newell e Herbert A. Simon, considerado o primeiro programa de IA capaz de provar teoremas matemáticos. Estes primeiros esforços centraram-se nos sistemas baseados em regras e no raciocínio simbólico como base da inteligência artificial.

O Perceptron e o conexionismo (1957):

Em 1957, Frank Rosenblatt apresentou o perceptron, um tipo de neurónio artificial inspirado nos neurónios biológicos do cérebro. O perceptron foi um elemento fundamental do conexionismo, uma abordagem alternativa à IA que enfatiza a interconexão de unidades de processamento simples, ou neurónios, para realizar cálculos complexos. Embora o perceptron tivesse limitações na sua capacidade de aprender padrões não lineares, lançou as bases para futuros desenvolvimentos nas redes neuronais.

O inverno da IA (década de 1970-1980):

Apesar dos sucessos iniciais, a investigação em IA deparou-se com desafios e retrocessos nas décadas de 1970 e 1980, levando ao que ficou conhecido como o "inverno da IA". Os cortes nos financiamentos, as expectativas irrealistas e o facto de não se ter conseguido atingir uma inteligência de nível humano diminuíram o entusiasmo por esta área, provocando um período de estagnação e desilusão. A IA simbólica e os sistemas baseados na lógica tiveram dificuldade em lidar com a complexidade e a incerteza dos problemas do mundo real, contribuindo para o declínio da investigação em IA durante este período.

Ressurgimento das redes neuronais (final do século XX):

No final do século XX, os avanços na capacidade de computação, a inovação algorítmica e a disponibilidade de grandes quantidades de dados revitalizaram o interesse pelas redes neuronais. Os investigadores desenvolveram novas arquitecturas, como os perceptrons multicamadas e as redes neuronais convolucionais, capazes de aprender padrões e representações complexas a partir dos dados. Os avanços nos algoritmos de formação, como o backpropagation, permitiram a formação eficiente de redes neuronais profundas com várias camadas de abstração. O ressurgimento das redes neuronais abriu caminho a aplicações transformadoras na visão computacional, no processamento de linguagem natural e noutros domínios, dando início a uma nova era de investigação e inovação em IA.

Desde os conhecimentos teóricos de Alan Turing até aos avanços práticos das redes neuronais, o percurso histórico da IA é caracterizado pela perseverança, inovação e mudanças de paradigma. À medida que continuamos a explorar as fronteiras da inteligência artificial, as redes neuronais são um testemunho do poder dos modelos computacionais inspirados no cérebro humano.

Fundamentos teóricos: IA Simbólica vs. Conexionismo

A Inteligência Artificial (IA) engloba diversas abordagens à modelação e simulação do comportamento inteligente. Dois quadros teóricos proeminentes que moldaram o desenvolvimento da IA são a IA Simbólica e o Conexionismo. Esta secção apresenta uma comparação detalhada destes fundamentos teóricos, explorando os seus princípios, pontos fortes, pontos fracos e aplicações.

IA simbólica:

A IA simbólica, também conhecida como IA clássica ou GOFAI (Good Old-Fashioned AI), baseia-se na manipulação de símbolos e no raciocínio lógico. Considera a inteligência como a manipulação de símbolos abstractos de acordo com regras predefinidas. Os princípios centrais da IA simbólica incluem:

1. **Representação:** O conhecimento é representado através de símbolos, que podem ser manipulados através de operações lógicas.

2. **Inferência:** O raciocínio é efectuado através da aplicação de regras de dedução e inferência para manipular representações simbólicas.

3. **Sistemas periciais:** A IA simbólica deu origem aos sistemas periciais, que são

sistemas baseados em regras concebidos para emular os processos de tomada de decisão de peritos humanos em domínios específicos.

Pontos fortes da IA simbólica:

- **Transparência:** Os sistemas de IA simbólicos são frequentemente transparentes e interpretáveis, permitindo aos utilizadores compreender o raciocínio subjacente às suas decisões.

- **Raciocínio baseado em regras:** A IA simbólica destaca-se em domínios com regras e estruturas lógicas bem definidas, como a matemática, a lógica e os sistemas especializados.

- **Compreensibilidade humana:** As representações simbólicas são intuitivas para os humanos compreenderem e manipularem, o que as torna adequadas para tarefas baseadas no conhecimento.

Pontos fracos da IA simbólica:

- **Inflexibilidade:** A IA simbólica tem dificuldade em lidar com a incerteza e a complexidade, uma vez que se baseia em regras explícitas e não tem capacidade para lidar com a ambiguidade.

- **Gargalo na aquisição de conhecimentos:** A construção de bases de conhecimento para sistemas de IA simbólicos pode ser trabalhosa e exigir a participação de especialistas, limitando a escalabilidade e a adaptabilidade.

- **Fragilidade:** Os sistemas de IA simbólicos são propensos a erros quando confrontados com dados inesperados ou ambíguos, o que conduz a falhas nas aplicações do mundo real.

Conexionismo:

O conexionismo, também conhecido como rede neural ou processamento distribuído paralelo (PDP), é inspirado na estrutura e função do cérebro humano. Considera a inteligência como propriedades emergentes resultantes da interação de unidades de processamento simples, ou neurónios, organizadas em redes interligadas. Os princípios centrais do conexionismo incluem:

1. **Representação distribuída:** O conhecimento é distribuído pelas ligações entre os neurónios, sendo que cada neurónio representa uma caraterística ou conceito.

2. **Aprendizagem:** As redes neuronais aprendem com exemplos através do ajuste dos pesos das ligações, melhorando iterativamente a sua capacidade de captar padrões e associações nos dados.

3. **Processamento paralelo:** As redes neuronais efectuam cálculos em paralelo entre neurónios interligados, permitindo o processamento eficiente de informações complexas.

Pontos fortes do conexionismo:

- **Flexibilidade:** As redes neuronais são excelentes na aprendizagem a partir de dados e na adaptação a diversas tarefas e ambientes, o que as torna adequadas para domínios complexos e incertos.

- **Robustez:** Os modelos conexionistas apresentam robustez ao ruído e à informação parcial, uma vez que podem generalizar padrões aprendidos a partir de dados de treino para exemplos não vistos.

- **Escalabilidade:** As redes neuronais podem ser dimensionadas para grandes conjuntos de dados e espaços de entrada de elevada dimensão, tirando partido dos avanços na capacidade computacional e no processamento paralelo.

Pontos fracos do conexionismo:

- **Natureza de caixa negra:** As redes neuronais são frequentemente vistas como caixas negras, uma vez que as representações internas e os processos de tomada de decisão não são facilmente interpretáveis pelos seres humanos.

- **Dependência de dados:** As redes neuronais requerem grandes quantidades de dados rotulados para treino e o desempenho pode degradar-se em domínios com escassez de dados.

- **Complexidade de treinamento:** O treino de redes neuronais pode ser computacionalmente intensivo e demorado, exigindo uma seleção cuidadosa de arquitecturas, algoritmos e hiperparâmetros.

Aplicações:

- **Aplicações simbólicas de IA:** Sistemas periciais, sistemas de apoio à decisão baseados em regras e raciocínio simbólico em matemática e lógica.

- **Aplicações do conexionismo:** Visão computacional, processamento de linguagem natural, reconhecimento de voz, veículos autónomos e sistemas de recomendação.

A IA simbólica e o conexionismo representam abordagens contrastantes à modelação da inteligência, cada uma com os seus pontos fortes e fracos. Enquanto a IA simbólica dá ênfase à representação explícita e ao raciocínio lógico, o conexionismo dá prioridade à representação distribuída e à aprendizagem a partir de dados. A sinergia entre estes fundamentos teóricos conduziu a abordagens híbridas que potenciam os pontos fortes de ambos os paradigmas, fazendo avançar o estado da arte da investigação em IA e permitindo aplicações inovadoras em diversos domínios.

Principais marcos no desenvolvimento da IA

O percurso de desenvolvimento da Inteligência Artificial (IA) é marcado por marcos significativos, descobertas e inovações que moldaram a evolução deste domínio. Esta secção apresenta uma panorâmica detalhada de alguns dos marcos mais notáveis no desenvolvimento da IA, desde o seu início até aos avanços contemporâneos.

1. **Teste de Turing (1950):**

   - Alan Turing propôs o Teste de Turing como um critério para determinar a capacidade de uma máquina exibir um comportamento inteligente indistinguível do de um ser humano.

   - Este trabalho seminal lançou as bases da investigação sobre a IA, enquadrando questões fundamentais sobre a natureza da inteligência e a possibilidade de a replicar nas máquinas.

2. **Teórico da lógica (1956):**

   - Desenvolvido por Allen Newell e Herbert A. Simon, o Logic Theorist foi o primeiro programa de IA capaz de provar teoremas matemáticos.

   - Esta realização demonstrou o potencial da IA simbólica e dos sistemas baseados na lógica para tarefas de resolução de problemas e de raciocínio.

3. **O Perceptron (1957):**

   - Frank Rosenblatt introduziu o perceptron, um tipo de neurónio artificial inspirado nos neurónios biológicos do cérebro.

   - O perceptron lançou as bases para o conexionismo, uma abordagem alternativa à IA que enfatiza a interconexão de unidades de processamento simples para efetuar cálculos complexos.

4. **Sistemas Periciais (década de 1970-1980):**

   - Os sistemas periciais surgiram como um paradigma dominante na investigação em IA, centrando-se na captura e codificação de conhecimentos humanos em domínios específicos.

   - Exemplos notáveis incluem o MYCIN, um sistema pericial para diagnóstico médico, e o DENDRAL, um sistema pericial para química orgânica.

5. **Algoritmo de retropropagação (1986):**

   - O desenvolvimento do algoritmo backpropagation por Geoffrey Hinton, David Rumelhart e Ronald J. Williams revolucionou o treinamento de redes neurais.

   - A retropropagação permitiu o treino eficiente de redes neurais multicamadas com várias camadas de abstração, ultrapassando as limitações dos primeiros modelos perceptron.

6. **Deep Blue vs. Kasparov (1997):**

   - O Deep Blue da IBM derrotou o campeão mundial de xadrez Garry Kasparov num jogo muito publicitado, marcando um marco na capacidade da IA para se destacar em jogos de estratégia complexos.

- O Deep Blue combinou técnicas simbólicas de IA com um enorme poder computacional para analisar possíveis jogadas e selecionar estratégias óptimas.

7. Watson no Jeopardy! (2011):

- O Watson da IBM competiu no programa de perguntas e respostas Jeopardy! e derrotou os campeões humanos Brad Rutter e Ken Jennings.

- O Watson apresentou avanços no processamento de linguagem natural, aprendizagem automática e representação de conhecimentos, demonstrando a capacidade da IA para compreender e responder a questões complexas em tempo real.

8. AlphaGo vs. Lee Sedol (2016):

- O AlphaGo da DeepMind, alimentado por algoritmos de aprendizagem por reforço profundo, derrotou o campeão mundial de Go, Lee Sedol, numa partida de cinco jogos.

- A vitória do AlphaGo demonstrou o poder das redes neuronais profundas e da aprendizagem por reforço no domínio de jogos de tabuleiro complexos com vastos espaços de pesquisa e profundidade estratégica.

9. GPT-3 (2020):

- A OpenAI introduziu o GPT-3 (Generative Pre-trained Transformer 3), um modelo linguístico de última geração capaz de gerar texto semelhante ao humano com base em pedidos de entrada.

- O GPT-3 representa um marco significativo no processamento da linguagem natural e na compreensão da linguagem da IA, demonstrando níveis sem precedentes de geração e compreensão da linguagem.

10. AlphaFold (2020):

- O AlphaFold da DeepMind fez manchetes ao prever com precisão a estrutura 3D das proteínas, um desafio de longa data na biologia computacional.

- O avanço da AlphaFold tem o potencial de revolucionar a descoberta de medicamentos, a engenharia de proteínas e a nossa compreensão dos sistemas biológicos.

Estes marcos importantes no desenvolvimento da IA representam um continuum de progresso e inovação, desde os primeiros sistemas simbólicos de IA até aos modelos contemporâneos de aprendizagem profunda. À medida que a IA continua a avançar, impulsionada pela investigação interdisciplinar, pela colaboração e pelos avanços tecnológicos, tem potencial para transformar indústrias, enfrentar desafios sociais e desbloquear novas fronteiras do conhecimento e da descoberta.

12

Capítulo 2: Compreender a aprendizagem automática

O que é a aprendizagem automática?

A aprendizagem automática (ML) é um subconjunto da Inteligência Artificial (IA) que se centra no desenvolvimento de algoritmos e modelos que permitem aos computadores aprender com os dados e fazer previsões ou tomar decisões sem serem explicitamente programados. Na sua essência, a aprendizagem automática tem como objetivo extrair padrões e conhecimentos dos dados para automatizar tarefas, melhorar a tomada de decisões e impulsionar a inovação em vários domínios. Esta secção apresenta uma visão global da aprendizagem automática, explorando os seus princípios, tipos, algoritmos e aplicações.

Princípios da aprendizagem automática:

A aprendizagem automática funciona com base no princípio da aprendizagem a partir da experiência ou dos dados. Os princípios fundamentais subjacentes à aprendizagem automática incluem:

1. **Aprender com os dados:** Os algoritmos de aprendizagem automática aprendem com dados históricos ou exemplos para identificar padrões e relações que podem ser generalizados para fazer previsões ou tomar decisões sobre dados novos e não vistos.

2. **Generalização:** O objetivo da aprendizagem automática é generalizar a partir dos dados de treino para fazer previsões ou tomar decisões precisas sobre dados não vistos. A generalização garante que o modelo pode ter um bom desempenho em novas instâncias para além do conjunto de treino.

3. **Ciclo de feedback:** Os sistemas de aprendizagem automática incorporam um ciclo de feedback, em que as previsões ou decisões são avaliadas em função da verdade ou do feedback dos utilizadores. Este feedback é utilizado para atualizar os parâmetros do modelo e melhorar o desempenho de forma iterativa.

Tipos de aprendizagem automática:

A aprendizagem automática pode ser classificada em três tipos principais, com base na natureza da tarefa de aprendizagem e na disponibilidade de dados rotulados:

1. **Aprendizagem supervisionada:** Na aprendizagem supervisionada, o algoritmo aprende a partir de dados rotulados, em que cada exemplo está associado a um rótulo ou resultado alvo. O objetivo é aprender um mapeamento das características de entrada para as etiquetas de saída, permitindo que o modelo faça previsões sobre dados novos e não vistos.

2. **Aprendizagem não supervisionada:** Na aprendizagem não supervisionada, o algoritmo aprende a partir de dados não rotulados, em que não existem rótulos-alvo predefinidos. Em vez disso, o algoritmo procura descobrir padrões, estruturas ou clusters ocultos nos dados, permitindo uma visão das relações e

distribuições subjacentes.

3. **Aprendizagem por reforço:** A aprendizagem por reforço envolve a aprendizagem a partir do feedback ou das recompensas obtidas pela interação com um ambiente. O algoritmo aprende a realizar acções que maximizam as recompensas acumuladas ao longo do tempo, o que leva ao aparecimento de um comportamento inteligente em tarefas de tomada de decisões sequenciais.

Algoritmos e modelos:

Os algoritmos de aprendizagem automática englobam uma vasta gama de técnicas e modelos adaptados a tarefas e domínios de aprendizagem específicos. Alguns dos algoritmos de aprendizagem automática mais utilizados incluem:

1. **Regressão linear:** Um algoritmo de aprendizagem supervisionado utilizado para prever uma variável-alvo contínua com base numa ou mais características de entrada, assumindo uma relação linear entre as variáveis.

2. **Árvores de decisão:** Um algoritmo versátil de aprendizagem supervisionada que constrói uma estrutura em forma de árvore de decisões com base em características de entrada, permitindo tarefas de classificação e regressão.

3. **Máquinas de vectores de suporte (SVM):** Um algoritmo de aprendizagem supervisionada utilizado para tarefas de classificação e regressão, encontrando o hiperplano ótimo que separa diferentes classes ou prevê resultados contínuos.

4. **Redes Neuronais:** Modelos de aprendizagem profunda inspirados na estrutura e função do cérebro humano, constituídos por camadas interligadas de neurónios artificiais capazes de aprender padrões e representações complexas a partir de dados.

Aplicações da aprendizagem automática:

A aprendizagem automática encontra aplicações em vários domínios e sectores, incluindo:

- **Cuidados de saúde:** Modelação preditiva para diagnóstico e prognóstico de doenças, análise de imagens médicas, descoberta de medicamentos e planeamento de tratamentos personalizados.

- **Finanças:** Deteção de fraudes, avaliação do risco de crédito, negociação algorítmica, gestão de carteiras e segmentação de clientes.

- **Comércio eletrónico:** Sistemas de recomendação, marketing personalizado, previsão da rotatividade de clientes e previsão da procura.

- **Transportes:** Veículos autónomos, otimização de rotas, previsão de tráfego e manutenção preditiva para veículos e infra-estruturas.

A aprendizagem automática é uma ferramenta poderosa para extrair conhecimentos e ideias dos dados, permitindo a tomada de decisões inteligentes e a automatização em diversos domínios. Ao tirar partido dos princípios, algoritmos e modelos da aprendizagem automática, as organizações podem desbloquear novas oportunidades de inovação, eficiência e competitividade na era digital.

Tipos de aprendizagem automática: Aprendizagem supervisionada, não supervisionada e por reforço

A aprendizagem automática pode ser categorizada em três tipos principais com base na natureza da tarefa de aprendizagem e na disponibilidade de dados rotulados: Aprendizagem Supervisionada, Aprendizagem Não Supervisionada e Aprendizagem por Reforço. Cada tipo de aprendizagem automática aborda diferentes objectivos de aprendizagem e é adequado para domínios problemáticos distintos. Esta secção apresenta uma panorâmica detalhada de cada tipo, incluindo princípios, algoritmos e aplicações.

1. Aprendizagem supervisionada:

A aprendizagem supervisionada envolve a aprendizagem a partir de dados rotulados, em que cada exemplo está associado a um rótulo ou resultado pretendido. O objetivo é aprender um mapeamento das características de entrada para as etiquetas de saída, permitindo que o modelo faça previsões sobre dados novos e não vistos. A aprendizagem supervisionada pode ainda ser classificada em dois tipos principais: classificação e regressão.

Princípios:

- A aprendizagem supervisionada aprende a partir de exemplos em que são fornecidas as características de entrada e as etiquetas de destino correspondentes.

- O objetivo do algoritmo é minimizar a discrepância entre os resultados previstos e os rótulos verdadeiros durante o treino.

Algoritmos:

- Regressão linear: Prevê uma variável-alvo contínua com base numa ou mais características de entrada, assumindo uma relação linear entre as variáveis.

- Regressão logística: Classifica os dados de entrada em duas ou mais classes com base nas características de entrada, utilizando uma função logística para modelar a probabilidade de cada classe.

- Máquinas de vectores de suporte (SVM): Encontra o hiperplano ótimo que separa diferentes classes no espaço de características, maximizando a margem entre classes.

- Árvores de decisão: Constrói uma estrutura em forma de árvore de decisões com base em características de entrada, permitindo tarefas de classificação e regressão.

Aplicações:

- Classificação: Deteção de e-mails de spam, reconhecimento de imagens, análise de sentimentos e diagnóstico médico.

- Regressão: Previsão do preço das acções, estimativa do preço das casas, previsão da procura e previsão meteorológica.

2. Aprendizagem não supervisionada:

A aprendizagem não supervisionada envolve a aprendizagem a partir de dados não rotulados, em que não existem rótulos-alvo predefinidos. Em vez disso, o algoritmo procura descobrir padrões, estruturas ou clusters ocultos nos dados, permitindo uma visão das relações e distribuições subjacentes.

Princípios:

- A aprendizagem não supervisionada aprende a partir de dados sem orientação explícita ou supervisão de exemplos identificados.

- O algoritmo tem como objetivo descobrir a estrutura ou organização subjacente dos dados, como clusters, associações ou anomalias.

Algoritmos:

- Agrupamento K-Means: Divide os dados em clusters com base na similaridade, com cada cluster representado pelo seu centróide.

- Agrupamento hierárquico: Constrói uma hierarquia de clusters através da fusão ou divisão recursiva de pontos de dados com base na semelhança.

- Análise de componentes principais (PCA): Reduz a dimensionalidade dos dados, projectando-os num subespaço de dimensão inferior, preservando a variância máxima.

- Extração de regras de associação: Identifica padrões frequentes, associações ou correlações entre itens em conjuntos de dados transaccionais.

Aplicações:

- Agrupamento: Segmentação de clientes, análise de cabazes de compras, agrupamento de documentos e deteção de anomalias.

- Redução da dimensionalidade: Extração de características, visualização de dados e redução de ruído.

- Exploração de associações: Análise de cabazes de compras, sistemas de recomendação e descoberta de padrões em dados transaccionais.

3. Aprendizagem por reforço:

A aprendizagem por reforço envolve a aprendizagem a partir do feedback ou das recompensas obtidas pela interação com um ambiente. O algoritmo aprende a realizar acções que maximizam as recompensas acumuladas ao longo do tempo, o que leva ao aparecimento de um comportamento inteligente em tarefas de tomada de decisões sequenciais.

Princípios:

- A aprendizagem por reforço funciona num contexto interativo, em que um agente aprende a atingir objectivos a longo prazo através de acções num ambiente.

- O agente recebe feedback sob a forma de recompensas ou penalizações com base nas consequências das suas acções.

Algoritmos:

- Q-Learning: Aprende uma política óptima através da atualização iterativa dos valores Q, que representam as recompensas cumulativas esperadas para a realização de acções em diferentes estados.

- Redes Q profundas (DQN): Estende o Q-learning a espaços de estado e de ação de elevada dimensão, utilizando redes neuronais profundas para aproximar os valores Q.

- Métodos de gradiente de política: Aprende uma política diretamente, maximizando as recompensas acumuladas esperadas através da subida do gradiente.

Aplicações:

- Jogar jogos: AlphaGo, agentes de aprendizagem por reforço em jogos de vídeo e jogos de tabuleiro.

- Robótica: Navegação autónoma, tarefas de manipulação e controlo de robôs.

- Sistemas de recomendação: Recomendações personalizadas em plataformas de comércio eletrónico, media e conteúdos.

A aprendizagem supervisionada, não supervisionada e por reforço representam paradigmas distintos na aprendizagem automática, cada um com os seus princípios, algoritmos e aplicações. Ao tirar partido destes diferentes tipos de aprendizagem automática, os investigadores e os profissionais podem abordar uma vasta gama de objectivos de aprendizagem e domínios problemáticos, desde a modelação preditiva e o reconhecimento de padrões até à tomada de decisões e ao controlo.

Algoritmos e modelos na aprendizagem automática

A aprendizagem automática engloba um conjunto diversificado de algoritmos e modelos concebidos para abordar várias tarefas de aprendizagem e domínios problemáticos. Quatro categorias fundamentais de algoritmos de aprendizagem automática incluem a regressão, a classificação, o agrupamento e a aprendizagem profunda. Cada categoria serve objectivos distintos e é aplicada em diferentes cenários. Esta secção fornece uma visão geral detalhada dos algoritmos e modelos de cada categoria.

1. Regressão:

A regressão é uma técnica de aprendizagem supervisionada utilizada para prever variáveis-alvo contínuas com base em características de entrada. O seu objetivo é modelar a relação entre variáveis independentes e variáveis dependentes, permitindo a previsão de resultados numéricos. Os algoritmos de regressão mais comuns incluem:

- **Regressão linear:** A regressão linear modela a relação entre as características de entrada e as variáveis alvo utilizando uma equação linear. Procura encontrar a linha de melhor ajuste que minimiza a soma dos erros quadrados entre os valores previstos e reais.

- **Regressão polinomial:** A regressão polinomial estende a regressão linear ao ajustar uma função polinomial aos dados, permitindo uma modelação mais flexível de relações não lineares entre variáveis.

- **Regressão de cumeeira:** A regressão Ridge é uma técnica de regularização que adiciona um termo de penalização à função de perda para evitar o sobreajuste. Diminui os coeficientes das características menos importantes, reduzindo a complexidade do modelo.

Aplicações: Os modelos de regressão encontram aplicações em vários domínios, incluindo:

- Previsão dos preços das casas com base em características como o tamanho, a localização e as comodidades.

- Previsão dos preços das acções utilizando dados históricos do mercado e indicadores económicos.

- Estimar o impacto das despesas com publicidade nas receitas das vendas.

2. Classificação:

A classificação é uma técnica de aprendizagem supervisionada utilizada para prever rótulos ou categorias de classes discretas com base em características de entrada.

Envolve a aprendizagem de um limite de decisão que separa diferentes classes no espaço de características. Os algoritmos de classificação mais comuns incluem:

- **Regressão logística:** Apesar do seu nome, a regressão logística é um algoritmo de classificação utilizado para modelar a probabilidade de resultados binários. Utiliza a função logística para mapear as características de entrada para as probabilidades de classe.

- **Árvores de decisão:** As árvores de decisão dividem recursivamente o espaço de características em regiões com base nos valores das características, resultando numa estrutura de decisões em forma de árvore. Cada nó de folha representa uma etiqueta de classe ou um resultado.

- **Máquinas de vectores de suporte (SVM):** A SVM constrói um hiperplano ótimo que separa diferentes classes no espaço de características, maximizando a margem entre classes. Pode tratar limites de decisão lineares e não lineares utilizando funções de kernel.

Aplicações: Os modelos de classificação encontram aplicações em vários domínios, incluindo:

- Deteção de e-mails de spam classificando os e-mails como spam ou não spam com base em características de conteúdo.

- Diagnóstico médico através da previsão de resultados de doenças ou da classificação das condições dos doentes a partir de testes de diagnóstico.

- Análise de sentimentos através da classificação de dados de texto como sentimentos positivos, negativos ou neutros.

3. Agrupamento:

O clustering é uma técnica de aprendizagem não supervisionada utilizada para agrupar pontos de dados semelhantes em clusters com base nas suas propriedades ou características intrínsecas. O seu objetivo é descobrir padrões, estruturas ou relações ocultas nos dados. Os algoritmos de agrupamento mais comuns incluem:

- **Agrupamento K-Means:** O K-Means divide os dados em k clusters, atribuindo iterativamente pontos de dados ao centróide do cluster mais próximo e actualizando os centróides com base na média dos pontos de dados em cada cluster.

- **Agrupamento hierárquico:** O agrupamento hierárquico constrói uma hierarquia de agrupamentos através da fusão ou divisão recursiva de pontos de dados com base em métricas de semelhança ou distância. O resultado é uma estrutura semelhante a uma árvore, conhecida como dendrograma.

- **DBSCAN (Density-Based Spatial Clustering of Applications with Noise):** O DBSCAN identifica clusters com base na densidade dos pontos de dados, distinguindo entre pontos centrais, pontos de fronteira e pontos de ruído no espaço de características.

Aplicações: Os modelos de agrupamento encontram aplicações em vários domínios, incluindo:

- A segmentação de clientes no marketing consiste em agrupar clientes com base no comportamento de compra ou em atributos demográficos.

- A segmentação de imagens na visão por computador consiste em dividir as imagens em regiões ou objectos com características visuais semelhantes.

- Deteção de anomalias através da identificação de padrões invulgares ou valores atípicos no tráfego da rede, dados de sensores ou transacções financeiras.

4. Aprendizagem profunda:

A aprendizagem profunda é um subconjunto da aprendizagem automática que se centra na formação de redes neuronais profundas com várias camadas de neurónios interligados. Permite a extração automática de características hierárquicas dos dados, conduzindo a um desempenho de ponta em várias tarefas de aprendizagem. As arquitecturas comuns de aprendizagem profunda incluem:

- **Redes Neuronais Convolucionais (CNNs):** As CNNs são amplamente utilizadas para reconhecimento de imagens, deteção de objectos e tarefas de visão computacional. São constituídas por camadas convolucionais para extração de características e camadas de agrupamento para redução da amostragem espacial.

- **Redes Neuronais Recorrentes (RNNs):** As RNNs são adequadas para tarefas de processamento de dados sequenciais, como processamento de linguagem natural, previsão de séries temporais e reconhecimento de voz. Incorporam circuitos de feedback para captar dependências temporais em dados sequenciais.

- **Aprendizagem por reforço profundo (DRL):** A DRL combina a aprendizagem profunda com a aprendizagem por reforço para aprender políticas óptimas para tarefas de tomada de decisões sequenciais. Obteve um sucesso notável em jogos, robótica e sistemas autónomos.

Aplicações: Os modelos de aprendizagem profunda encontram aplicações em vários domínios, incluindo:

- Classificação de imagens e deteção de objectos em veículos autónomos, sistemas de vigilância e imagiologia médica.

- Tarefas de processamento de linguagem natural, como a tradução automática, a análise de sentimentos e o reconhecimento de voz.

- Otimização de jogos e estratégias em jogos de tabuleiro, jogos de vídeo e planeamento estratégico.

A regressão, a classificação, o agrupamento e a aprendizagem profunda representam técnicas e modelos fundamentais na aprendizagem automática, cada um com as suas características, algoritmos e aplicações únicas. Ao compreender os princípios e as capacidades destes algoritmos, os profissionais podem aplicar eficazmente a aprendizagem automática para resolver uma vasta gama de problemas do mundo real em diversos domínios

Formação e avaliação de modelos de aprendizagem automática

A formação e a avaliação dos modelos de aprendizagem automática são passos fundamentais para o desenvolvimento e a implementação de sistemas de IA eficazes e fiáveis. Esta secção apresenta uma panorâmica pormenorizada dos processos envolvidos na formação e avaliação de modelos de aprendizagem automática, incluindo a preparação de dados, a formação de modelos, a validação e a avaliação do desempenho.

1. Preparação dos dados:

A preparação de dados é uma etapa crucial de pré-processamento que envolve a limpeza, transformação e organização dos dados para os tornar adequados para a formação de modelos de aprendizagem automática. As principais tarefas na preparação de dados incluem:

- **Limpeza de dados:** Remoção de valores em falta, tratamento de valores anómalos e resolução de inconsistências nos dados para garantir a sua qualidade e integridade.

- **Engenharia de características:** Seleção de características relevantes, codificação de variáveis categóricas, escalonamento de características numéricas e criação de novas características para melhorar o desempenho do modelo.

- **Divisão de dados:** Dividir os dados em conjuntos de treino, validação e teste para avaliar o desempenho e a generalização do modelo.

2. Formação de modelos:

O treino de modelos envolve a utilização dos dados preparados para treinar algoritmos de aprendizagem automática e otimizar os parâmetros do modelo para minimizar os erros de previsão. As principais etapas do treino de modelos incluem:

- **Seleção do algoritmo:** Escolha de um algoritmo de aprendizagem automática adequado com base na natureza do problema, nas características dos dados e nos objectivos de modelação.

- **Ajuste de hiperparâmetros:** Ajuste fino dos hiperparâmetros, como a taxa de aprendizagem, a força de regularização e a arquitetura da rede para otimizar o desempenho do modelo.

- **Processo de formação:** Alimentar iterativamente o modelo com dados de treino, atualizar os parâmetros do modelo utilizando algoritmos de otimização, como a descida do gradiente, e monitorizar a convergência para obter o desempenho desejado.

3. Validação e afinação de hiperparâmetros:

A validação é uma etapa crítica na avaliação do desempenho dos modelos de aprendizagem automática e na seleção dos hiperparâmetros ideais. As técnicas de validação comuns incluem:

- **Validação cruzada:** Dividir os dados em k dobras, treinar o modelo em k-1 dobras e avaliar o desempenho na dobra restante. Repetir o processo k vezes e calcular a média das métricas de desempenho para obter estimativas robustas.

- **Pesquisa em grelha:** Pesquisa exaustiva através de uma grelha predefinida de combinações de hiperparâmetros para identificar a configuração óptima que maximiza o desempenho do modelo.

- **Pesquisa aleatória:** Amostragem aleatória de combinações de hiperparâmetros a partir de distribuições predefinidas para explorar eficientemente o espaço de hiperparâmetros e identificar configurações promissoras.

4. Avaliação do desempenho:

A avaliação do desempenho consiste em avaliar a eficácia e a capacidade de generalização dos modelos de aprendizagem automática utilizando métricas adequadas. As métricas de desempenho comuns incluem:

- **Exatidão:** A proporção de instâncias corretamente classificadas em relação ao número total de instâncias no conjunto de dados. Adequado para conjuntos de dados equilibrados com distribuições de classes iguais.

- **Precisão:** A proporção de previsões positivas verdadeiras entre todas as previsões positivas. Centra-se na minimização de erros de falsos positivos e é adequado para tarefas com custos assimétricos.

- **Recuperação:** A proporção de previsões positivas verdadeiras entre todas as instâncias positivas efectivas. Centra-se na minimização de erros falsos negativos e é adequado para tarefas em que a falta de instâncias positivas é crítica.

- **Pontuação F1:** A média harmónica da precisão e da recuperação, fornecendo uma medida equilibrada do desempenho do modelo em termos de falsos positivos e falsos negativos.

5. Sobreajuste e subajuste:

O sobreajuste e o subajuste são desafios comuns na aprendizagem automática que podem degradar o desempenho do modelo. As técnicas para lidar com o sobreajuste e o subajuste incluem:

- **Regularização:** Adição de termos de penalização à função de perda para desencorajar modelos demasiado complexos e reduzir o sobreajuste.

- **Paragem antecipada:** Monitorizar o desempenho do modelo num conjunto de validação durante a formação e interromper o processo de formação quando o desempenho começa a degradar-se, evitando o sobreajuste.

- **Controlo da complexidade do modelo:** Ajustar a complexidade do modelo modificando os hiperparâmetros, como o número de camadas, unidades ou força de regularização, para alcançar um equilíbrio entre o viés e a variância.

A formação e a avaliação de modelos de aprendizagem automática são processos iterativos que exigem uma atenção cuidada à preparação dos dados, à formação do modelo, à validação e à avaliação do desempenho. Seguindo as melhores práticas e empregando técnicas adequadas, os profissionais podem desenvolver modelos de aprendizagem automática fiáveis e eficazes que se generalizem bem a dados não vistos e atinjam os objectivos de desempenho desejados.

Capítulo 3: Aplicações em vários sectores

IA nos cuidados de saúde: Diagnóstico, tratamento e descoberta de medicamentos

A Inteligência Artificial (IA) surgiu como uma força transformadora no sector dos cuidados de saúde, revolucionando vários aspectos dos cuidados aos doentes, da tomada de decisões clínicas e da investigação biomédica. Este capítulo explora as aplicações da IA nos cuidados de saúde, centrando-se no diagnóstico, no tratamento e na descoberta de medicamentos.

1. Diagnóstico:

A IA desempenha um papel crucial na melhoria da precisão e eficiência do diagnóstico numa vasta gama de especialidades médicas. As principais aplicações incluem:

- **Imagiologia médica:** Os algoritmos alimentados por IA analisam imagens médicas, como radiografias, ressonâncias magnéticas e tomografias computorizadas, para detetar anomalias, tumores, fracturas e outras condições médicas com elevada precisão e rapidez.

- **Patologia e Histologia:** Os algoritmos de IA ajudam os patologistas a diagnosticar doenças como o cancro, analisando amostras de tecido e identificando anomalias microscópicas, permitindo a deteção precoce e o planeamento personalizado do tratamento.

- **Apoio à decisão de diagnóstico:** Os sistemas de apoio à decisão baseados em IA integram os dados dos pacientes, o historial médico e os testes de diagnóstico para ajudar os médicos a diagnosticar doenças complexas, a prever a progressão da doença e a recomendar opções de tratamento adequadas.

2. Tratamento:

As tecnologias baseadas em IA estão a transformar a prestação de cuidados aos doentes e as estratégias de tratamento, permitindo intervenções personalizadas e baseadas em dados. As principais aplicações incluem:

- **Medicina de precisão:** Os algoritmos de IA analisam os dados genómicos, os biomarcadores e as características dos doentes para adaptar os planos de tratamento e os medicamentos a cada doente, maximizando a eficácia e minimizando os efeitos adversos.

- **Apoio à decisão clínica:** Os sistemas de apoio à decisão baseados em IA fornecem aos médicos recomendações em tempo real, directrizes e conhecimentos baseados em provas para orientar as decisões de tratamento, otimizar as dosagens de medicamentos e evitar erros de medicação.

- **Monitorização remota e telessaúde:** Os dispositivos portáteis, as aplicações móveis e as plataformas de telemedicina com IA permitem a monitorização remota dos sinais vitais dos doentes, a adesão aos planos de tratamento e as consultas virtuais, melhorando o acesso aos cuidados de saúde e os resultados

dos doentes.

3. Descoberta de medicamentos:

A IA está a revolucionar o processo de descoberta de medicamentos, acelerando o desenvolvimento de medicamentos, identificando novos alvos terapêuticos e optimizando os candidatos a medicamentos. As principais aplicações incluem:

- **Conceção e descoberta de medicamentos:** Os algoritmos de IA simulam interacções moleculares, prevêem propriedades de compostos e concebem novos candidatos a medicamentos com as propriedades farmacológicas desejadas, reduzindo o tempo e o custo do desenvolvimento de medicamentos.

- **Rastreio virtual:** As técnicas de rastreio virtual baseadas em IA analisam grandes bases de dados de compostos químicos para identificar potenciais candidatos a medicamentos que se ligam a alvos ou receptores específicos, facilitando a identificação de compostos principais para testes posteriores.

- **Reaproveitamento de medicamentos:** As abordagens baseadas na IA tiram partido de dados biológicos em grande escala, da análise de redes e de algoritmos de aprendizagem automática para identificar medicamentos existentes com potenciais benefícios terapêuticos para novas indicações, acelerando a descoberta de novos tratamentos para doenças.

A IA está a transformar os cuidados de saúde ao revolucionar o diagnóstico, o tratamento e a descoberta de medicamentos em diversas especialidades e domínios médicos. Ao aproveitar o poder das tecnologias baseadas em IA, os prestadores de cuidados de saúde podem melhorar os resultados dos doentes, melhorar a tomada de decisões clínicas e impulsionar a inovação no desenvolvimento de novas terapias e tratamentos.

IA nas finanças: Negociação, deteção de fraudes e gestão de riscos

A integração da Inteligência Artificial (IA) no sector financeiro revolucionou vários aspectos da banca, do comércio, da deteção de fraudes e da gestão de riscos. Este capítulo explora a forma como a IA é aplicada nas finanças, com destaque para a negociação, a deteção de fraudes e a gestão de riscos.

1. Negociação:

Os algoritmos de negociação orientados para a IA transformaram os mercados financeiros, permitindo estratégias de negociação automatizadas, prevendo tendências de mercado e optimizando as decisões de investimento. As principais aplicações incluem:

- **Negociação algorítmica:** Os algoritmos de IA analisam os dados do mercado, o sentimento das notícias e as tendências históricas para executar transacções automaticamente e otimizar as estratégias de negociação em tempo real.

- **Negociação de alta frequência (HFT):** Os sistemas HFT alimentados por IA executam grandes volumes de transacções a alta velocidade, tirando partido de modelos avançados de aprendizagem automática e de técnicas computacionais para explorar ineficiências fugazes do mercado e oportunidades de arbitragem.

- **Negociação Quantitativa:** Os modelos de negociação quantitativa baseados em IA utilizam análise estatística, aprendizagem automática e algoritmos de otimização para identificar oportunidades de negociação rentáveis, gerir o risco da carteira e maximizar os retornos em diversas classes de activos.

2. Deteção de fraudes:

Os sistemas de deteção de fraude baseados em IA são essenciais para detetar e prevenir actividades fraudulentas, transacções não autorizadas e crimes financeiros. As principais aplicações incluem:

- **Deteção de anomalias:** Os algoritmos de IA analisam os dados de transação, o comportamento do utilizador e os padrões históricos para identificar desvios da atividade normal e assinalar transacções ou actividades suspeitas para investigação adicional.

- **Análise preditiva:** Os modelos de IA prevêem pontuações de risco de fraude, probabilidade de incumprimento e solvabilidade através da análise de uma vasta gama de dados financeiros, demográficos e comportamentais, permitindo uma gestão proactiva do risco e estratégias de prevenção da fraude.

- **Biometria comportamental:** Os sistemas biométricos comportamentais alimentados por IA autenticam os utilizadores com base em características comportamentais únicas, como a dinâmica das teclas, os movimentos do rato e os padrões de voz, reforçando a segurança e reduzindo o risco de roubo de identidade e de aquisição de contas.

3. Gestão de riscos:

As tecnologias de IA desempenham um papel crucial na gestão dos riscos financeiros, na avaliação da fiabilidade creditícia e na otimização das carteiras de investimento. As principais aplicações incluem:

- **Pontuação de crédito:** Os modelos de IA analisam dados de agências de crédito, dados de crédito alternativos e indicadores comportamentais para avaliar a capacidade de crédito dos mutuários, prever o risco de incumprimento e determinar as decisões de aprovação de empréstimos.

- **Gestão do risco de mercado:** Os modelos de risco baseados em IA analisam os dados do mercado, os padrões de volatilidade e os indicadores macroeconómicos para avaliar o risco da carteira, testar as estratégias de investimento e otimizar as alocações de activos para minimizar a exposição às flutuações do mercado.

- **Gestão do risco de fraude:** Os modelos de risco de fraude baseados em IA avaliam os dados transaccionais, o comportamento dos clientes e os padrões de fraude para identificar ameaças emergentes, mitigar as perdas por fraude e melhorar a precisão da deteção de fraude em tempo real.

A IA está a transformar o sector financeiro, revolucionando as estratégias de negociação, os mecanismos de deteção de fraudes e as práticas de gestão de riscos. Ao aproveitar o poder das tecnologias orientadas para a IA, as instituições financeiras podem melhorar a eficiência operacional, melhorar os processos de tomada de decisão e mitigar os riscos num cenário de mercado competitivo e em rápida evolução.

IA nos transportes: Veículos autónomos e gestão do tráfego

A Inteligência Artificial (IA) está a revolucionar a indústria dos transportes, particularmente no desenvolvimento de veículos autónomos e de sistemas de gestão do tráfego. Este capítulo explora as

aplicações da IA nos transportes, com destaque para os veículos autónomos e a gestão do tráfego.

1. Veículos autónomos:

Os veículos autónomos (AVs) utilizam tecnologias de IA para navegar nas estradas, interpretar as condições de tráfego e tomar decisões de condução em tempo real sem intervenção humana. As principais aplicações incluem:

- **Deteção e perceção:** Os AVs utilizam sensores como LiDAR, radar, câmaras e sensores ultra-sónicos para perceber o ambiente circundante, detetar obstáculos e reconhecer sinais de trânsito, peões e outros veículos.

- **Tomada de decisões:** Os algoritmos de IA processam dados de sensores, geram mapas e analisam padrões de tráfego para tomar decisões de condução complexas, incluindo mudanças de faixa, fusões, paragens em cruzamentos e navegação em ambientes rodoviários complexos.

- **Aprendizagem automática:** Os AVs utilizam algoritmos de aprendizagem automática para aprender com as experiências de condução anteriores, adaptar-se às mudanças nas condições da estrada e melhorar o comportamento de condução ao longo do tempo. São utilizadas técnicas de aprendizagem por reforço para otimizar as estratégias de condução e aumentar a segurança.

2. Gestão do tráfego:

Os sistemas de gestão de tráfego baseados em IA optimizam o fluxo de tráfego, reduzem o congestionamento e melhoram a segurança rodoviária através da monitorização, análise e controlo em tempo real dos padrões de tráfego. As principais aplicações incluem:

- **Previsão de tráfego:** Os algoritmos de IA analisam dados históricos de tráfego, condições meteorológicas e eventos para prever o congestionamento do tráfego, identificar pontos críticos e otimizar o planeamento de rotas para veículos e sistemas de transportes públicos.

- **Controlo dinâmico do tráfego:** Os sistemas de gestão de tráfego baseados em IA ajustam dinamicamente os sinais de trânsito, as configurações das faixas e os limites de velocidade com base nas condições de tráfego em tempo real, reduzindo o congestionamento, melhorando o fluxo de tráfego e minimizando os tempos de viagem.

- **Deteção e resposta a acidentes:** Os sistemas de vigilância e sensores alimentados por IA detectam acidentes de trânsito, incidentes e perigos em tempo real, permitindo uma resposta rápida de emergência, redireccionamento do tráfego e gestão de incidentes para minimizar as perturbações e garantir a segurança rodoviária.

3. Otimização da infraestrutura:

As tecnologias de IA optimizam as infra-estruturas de transporte, melhoram a eficiência energética e reduzem o impacto ambiental. As principais aplicações incluem:

- **Sistemas de transporte inteligentes:** Os sistemas de transporte inteligentes baseados em IA integram veículos, infra-estruturas e plataformas de gestão de tráfego para otimizar a atribuição de recursos, reduzir as emissões e promover práticas de transporte sustentáveis.

- **Gestão de energia:** Os algoritmos de IA optimizam o consumo de energia, a eficiência do combustível e o encaminhamento dos veículos nas redes de transportes, reduzindo as emissões de carbono e a poluição ambiental.

- **Manutenção preditiva:** Os sistemas de manutenção preditiva baseados em IA monitorizam o estado das infra-estruturas de transportes, incluindo estradas, pontes e túneis, para detetar sinais de desgaste e deterioração, prevenir acidentes e garantir a fiabilidade e segurança das redes de transportes.

A IA está a transformar a indústria dos transportes, permitindo o desenvolvimento de veículos autónomos, sistemas inteligentes de gestão de tráfego e infra-estruturas de transportes optimizadas. Ao tirar partido das tecnologias de IA, as partes interessadas nos transportes podem aumentar a segurança, a eficiência e a sustentabilidade da mobilidade urbana, reduzir o congestionamento e melhorar a qualidade geral dos serviços de transporte.

IA no sector do entretenimento: Sistemas de recomendação e criação de conteúdos

A Inteligência Artificial (IA) tem influenciado significativamente a indústria do entretenimento, particularmente nas áreas dos sistemas de recomendação e da criação de conteúdos. Este capítulo analisa as aplicações da IA no sector do entretenimento, centrando-se nos sistemas de recomendação e na criação de conteúdos.

1. Sistemas de recomendação:

Os sistemas de recomendação alimentados por algoritmos de IA desempenham um papel crucial no reforço da participação dos utilizadores, na personalização das recomendações de conteúdos e na melhoria da experiência global do utilizador em plataformas de entretenimento. As principais aplicações incluem:

- **Recomendações de conteúdos:** Os sistemas de recomendação baseados em IA analisam as preferências do utilizador, o histórico de visualizações e as interacções para sugerir filmes, programas de televisão, música, livros e outras formas de conteúdo de entretenimento relevantes.

- **Personalização:** Os sistemas de recomendação utilizam algoritmos de aprendizagem automática para criar recomendações personalizadas adaptadas aos gostos, interesses e hábitos de visualização de cada utilizador, aumentando a satisfação e a retenção do utilizador.

- **Filtragem colaborativa:** As técnicas de filtragem colaborativa alimentadas por IA aproveitam os dados de comportamento do utilizador e as semelhanças de itens para gerar recomendações com base nas preferências de utilizadores semelhantes, permitindo a descoberta casual de novos conteúdos.

2. Criação de conteúdos:

As tecnologias de IA estão a ser cada vez mais utilizadas para automatizar a criação de conteúdos, gerar activos criativos e melhorar as capacidades de contar histórias na indústria do entretenimento. As principais aplicações incluem:

- **Escrita automatizada:** Os algoritmos de geração de linguagem natural (NLG) orientados para a IA geram conteúdos escritos, artigos, guiões e narrativas com base em prompts, temas ou entradas de dados predefinidos, acelerando o processo de criação de conteúdos e aumentando a produtividade.

- **Composição musical:** As ferramentas de composição musical com tecnologia de IA geram faixas de música, melodias e composições originais utilizando modelos de aprendizagem profunda treinados em vastas bases de dados musicais, permitindo que músicos, compositores e criadores de conteúdos explorem novas possibilidades criativas.

- **Efeitos visuais e animação:** Os algoritmos de IA automatizam a criação de efeitos visuais, animações e recursos CGI (imagens geradas por computador) em filmes, programas de televisão e jogos de vídeo, reduzindo os custos de produção e melhorando as capacidades de narração visual.

3. Experiências interactivas:

As tecnologias de IA permitem experiências de entretenimento interactivas e imersivas, incluindo a realidade virtual (RV), a realidade aumentada (RA) e a narração interactiva de histórias. As principais aplicações incluem:

- **Jogos imersivos:** Os motores de jogo e os ambientes virtuais baseados em IA criam experiências de jogo imersivas, narrativas dinâmicas e mecânicas de jogo adaptáveis às acções e preferências dos jogadores.

- **Narrativa interactiva:** As plataformas de narração interactiva alimentadas por IA permitem que os utilizadores participem em narrativas interactivas, escolham a sua própria aventura e influenciem o resultado das histórias através da tomada de decisões em tempo real e de enredos ramificados.

- **Assistentes virtuais:** Os assistentes virtuais alimentados por IA melhoram o envolvimento e a interação dos utilizadores em plataformas de entretenimento, fornecendo recomendações personalizadas, respondendo a perguntas e ajudando os utilizadores a navegar em bibliotecas e serviços de conteúdos.

A IA está a transformar a indústria do entretenimento, revolucionando os sistemas de recomendação, automatizando a criação de conteúdos e permitindo experiências interactivas em diversas plataformas e meios de entretenimento. Ao tirar partido das tecnologias de IA, as empresas de entretenimento podem melhorar o envolvimento dos utilizadores, proporcionar experiências de conteúdo personalizadas e desbloquear novas possibilidades criativas.

Considerações éticas e desafios na implementação da IA

À medida que a Inteligência Artificial (IA) continua a progredir e a integrar-se em vários aspectos da sociedade, surgem considerações e desafios éticos que devem ser abordados para garantir uma implementação responsável e benéfica da IA. Este capítulo explora as considerações e os desafios éticos associados à implementação da IA.

1. Preconceito e equidade:

Os sistemas de IA podem herdar preconceitos dos dados com que são treinados, conduzindo a resultados injustos e à discriminação de determinados grupos. As principais considerações incluem:

- **Enviesamento dos dados:** os enviesamentos presentes nos dados de formação podem fazer com que os sistemas de IA perpetuem e ampliem os enviesamentos sociais, conduzindo a um tratamento injusto de indivíduos ou grupos.

- **Preconceito algorítmico:** Os preconceitos incorporados nos algoritmos de IA, como a seleção de características, os pressupostos do modelo e os processos de tomada de decisão, podem conduzir a resultados discriminatórios e a um tratamento desigual.

2. Transparência e explicabilidade:

Os sistemas de IA funcionam frequentemente como caixas negras, o que torna difícil compreender como chegam às suas decisões e previsões. As principais considerações incluem:

- **Interpretabilidade:** A falta de transparência nos algoritmos de IA pode prejudicar a confiança e a responsabilização, dificultando a interpretação e a validação dos resultados do modelo, especialmente em aplicações de alto risco, como os cuidados de saúde e a justiça penal.

- **Explicabilidade:** Os sistemas de IA devem ser concebidos para fornecer explicações para as suas decisões e previsões, permitindo aos utilizadores compreender o raciocínio subjacente e os factores que influenciam os resultados.

3. Privacidade e proteção de dados:

Os sistemas de IA dependem frequentemente de grandes quantidades de dados, o que suscita preocupações sobre a privacidade, a proteção de dados e o consentimento do utilizador. As principais considerações incluem:

- **Privacidade de dados:** Os sistemas de IA devem aderir aos regulamentos e normas de privacidade para proteger os dados pessoais sensíveis contra o acesso não autorizado, a utilização indevida e as violações.

- **Segurança dos dados:** Devem existir salvaguardas para proteger o armazenamento, a transmissão e o processamento de dados contra ciberameaças, pirataria informática e acesso não autorizado por agentes maliciosos.

4. Responsabilidade e obrigação de prestar contas:

À medida que os sistemas de IA se tornam cada vez mais autónomos e tomam decisões, surgem questões relacionadas com a prestação de contas e a responsabilidade pelas suas acções. As principais considerações incluem:

- **Responsabilidade legal:** A determinação da responsabilidade legal por danos e prejuízos relacionados com a IA é complexa e envolve várias partes interessadas, incluindo programadores, utilizadores, reguladores e decisores políticos.

- **Governação ética:** São necessários quadros, directrizes e normas éticas para reger o desenvolvimento, a implantação e a utilização de sistemas de IA, garantindo o alinhamento com os princípios éticos e os valores sociais.

5. Atenuação de preconceitos e equidade algorítmica:

Os esforços para atenuar os preconceitos e garantir a justiça algorítmica são essenciais para promover resultados equitativos e reduzir os danos. As principais estratégias incluem:

- **IA consciente da equidade:** Incorporação de técnicas conscientes da equidade nos algoritmos de IA, tais como restrições de equidade, estratégias de atenuação de enviesamentos e métricas de equidade, para promover a equidade e atenuar os enviesamentos.

- **Dados diversificados e representativos:** Garantir a diversidade e a representatividade dos dados de formação, incluindo perspectivas, dados demográficos e experiências diversas, para reduzir os preconceitos e aumentar a equidade nos sistemas de IA.

A abordagem das considerações e desafios éticos na implementação da IA é crucial para promover uma implantação responsável, justa e benéfica da IA em vários domínios e aplicações. Ao adotar princípios éticos, transparência, responsabilidade e justiça no desenvolvimento e implantação da IA, as partes interessadas podem criar confiança, mitigar riscos e maximizar os benefícios sociais da tecnologia de IA.

Capítulo 4: O futuro da Inteligência Artificial

Avanços na investigação em IA: Computação quântica, processamento de linguagem natural e robótica

A Inteligência Artificial (IA) continua a evoluir rapidamente, impulsionada pelos avanços na investigação e na tecnologia. Este capítulo explora o futuro da IA, centrando-se em áreas-chave de avanço, incluindo a computação quântica, o processamento de linguagem natural (PNL) e a robótica.

1. Computação quântica:

A computação quântica tem o potencial de revolucionar a IA, permitindo o processamento de grandes quantidades de dados e a resolução de problemas complexos de otimização e de aprendizagem automática que são atualmente intratáveis para os computadores clássicos. Os principais avanços incluem:

- **Supremacia quântica:** Alcançar a supremacia quântica, em que os computadores quânticos superam os computadores clássicos em tarefas específicas, representa um marco significativo na investigação sobre IA, abrindo novas possibilidades para resolver problemas complexos e acelerar as descobertas científicas.

- **Aprendizagem quântica de máquinas:** Os algoritmos de aprendizagem automática quântica tiram partido das propriedades únicas da computação quântica, como a sobreposição e o emaranhamento, para realizar tarefas como a otimização, o reconhecimento de padrões e a análise de dados de forma mais eficiente do que os algoritmos clássicos.

2. Processamento de linguagem natural (PNL):

A PNL está a avançar rapidamente, impulsionada por avanços na aprendizagem profunda, modelos de linguagem neural e arquitecturas de transformadores. Os principais avanços incluem:

- **Compreensão da linguagem:** Os modelos avançados de PNL, como o GPT (Generative Pre-trained Transformer) e o BERT (Bidirectional Encoder Representations from Transformers), alcançam um desempenho de ponta em tarefas como a compreensão da linguagem, a resposta a perguntas e a geração de texto.

- **IA multimodal:** A integração da PNL com a visão por computador e outras modalidades permite que os sistemas de IA compreendam e gerem conteúdos em múltiplos domínios, incluindo texto, imagens, áudio e vídeo, conduzindo a experiências de utilizador mais imersivas e interactivas.

3. Robótica:

A robótica está a avançar com o desenvolvimento de sistemas inteligentes e autónomos capazes de interagir com o mundo físico. Os principais avanços incluem:

- **Veículos autónomos:** Os veículos autónomos e os drones equipados com tecnologia de IA estão preparados para transformar os transportes, a logística e as entregas, permitindo soluções de mobilidade mais seguras, mais eficientes e mais ecológicas.

- **Interação homem-robô:** Os avanços na robótica social, na compreensão da linguagem natural e no reconhecimento de emoções permitem que os robôs interajam com os humanos de forma mais intuitiva e empática, melhorando a colaboração, a assistência e o companheirismo.

- **Robótica suave:** A robótica macia, inspirada em sistemas biológicos, utiliza materiais flexíveis e conformes para criar robôs com destreza, adaptabilidade e resiliência semelhantes às do ser humano, abrindo novas possibilidades de aplicações nos cuidados de saúde, fabrico e exploração.

O futuro da inteligência artificial é moldado pelos avanços na computação quântica, no processamento de linguagem natural e na robótica, entre outras áreas. Estes avanços têm o potencial de revolucionar as indústrias, transformar a sociedade e resolver alguns dos desafios mais prementes que a humanidade enfrenta. Se aproveitarmos o poder da tecnologia de IA de forma responsável e ética, podemos abrir novas oportunidades de inovação, descoberta e progresso nos próximos anos.

Impacto no emprego: Automatização e deslocação de postos de trabalho

À medida que a Inteligência Artificial (IA) e as tecnologias de automatização continuam a avançar, as preocupações sobre o seu impacto no emprego e na deslocação de postos de trabalho tornaram-se cada vez mais proeminentes. Esta secção analisa as implicações da automatização para a força de trabalho e explora estratégias para enfrentar os potenciais desafios.

1. **Tendências de automatização:**

- **Automatização de tarefas:** A IA e as tecnologias de automação estão a automatizar tarefas rotineiras e repetitivas em vários sectores, incluindo o fabrico, o retalho, os transportes e o serviço ao cliente.

- **Deslocação de postos de trabalho:** A automatização pode levar à deslocação de postos de trabalho, uma vez que as tarefas anteriormente executadas por humanos são automatizadas, resultando em mudanças nas funções, requisitos de competências e oportunidades de emprego.

2. **Deslocação de empregos e requalificação profissional:**

- **Trabalhadores deslocados:** Os trabalhadores das indústrias fortemente afectadas pela automatização podem ser deslocados, o que os obriga a transitar para novas funções ou a procurar emprego noutros sectores.

- **Iniciativas de requalificação:** Os governos, as empresas e as instituições de ensino estão a implementar programas de requalificação e de melhoria de competências para equipar os trabalhadores com as competências necessárias para funções emergentes em IA, tecnologia e outros sectores em crescimento.

3. **Funções emergentes:**

   - **Especialistas em IA:** A procura de especialistas em IA, cientistas de dados e engenheiros de aprendizagem automática está a crescer à medida que as organizações procuram tirar partido das tecnologias de IA para inovação e vantagem competitiva.

   - **Colaboração homem-máquina:** Estão a surgir novas funções centradas na colaboração homem-máquina, tais como formadores de IA, especialistas em explicabilidade e especialistas em ética da automação, para apoiar a integração da IA na força de trabalho.

4. **Implicações económicas:**

   - **Ganhos de produtividade:** A automatização tem o potencial de aumentar a produtividade, a eficiência e o crescimento económico através da racionalização de processos, da redução de custos e da melhoria da afetação de recursos.

   - **Desigualdade de rendimentos:** No entanto, a automatização pode agravar a desigualdade de rendimentos se os trabalhadores deslocados enfrentarem dificuldades na transição para novas funções ou não tiverem acesso a oportunidades de requalificação.

5. **Política e governação:**

   - **Políticas do mercado de trabalho:** Os governos podem implementar políticas de mercado de trabalho, tais como programas de formação profissional, subsídios de desemprego e iniciativas de desenvolvimento da força de trabalho, para apoiar os trabalhadores afectados pela automatização.

   - **Quadros éticos e regulamentares:** São necessários quadros éticos e regulamentares para abordar as preocupações relacionadas com a deslocação de postos de trabalho, a privacidade, a parcialidade e a responsabilidade nos sistemas de automatização baseados na IA.

As tecnologias de automatização e IA têm o potencial de transformar as indústrias, aumentar a produtividade e impulsionar o crescimento económico. No entanto, também colocam desafios relacionados com a deslocação de empregos, as lacunas de competências e a desigualdade de rendimentos. Ao investir na requalificação, promover a colaboração homem-máquina e implementar políticas de apoio e quadros de governação, as partes interessadas podem mitigar os impactos negativos da automação no emprego e criar um futuro em que a IA e os seres humanos trabalhem em conjunto de forma sinérgica.

Implicações sociais: Privacidade, preconceitos e regulamentação

medida que as tecnologias de Inteligência Artificial (IA) se integram cada vez mais em vários aspectos da sociedade, é crucial considerar as suas implicações sociais mais amplas, incluindo preocupações relacionadas com a privacidade, preconceitos e a necessidade de regulamentação. Esta secção examina as implicações sociais da IA e explora estratégias para enfrentar estes desafios.

1. **Preocupações com a privacidade:**

   - **Recolha de dados:** Os sistemas de IA dependem frequentemente de grandes quantidades de dados, o que suscita preocupações quanto à recolha, armazenamento e utilização de informações pessoais.

   - **Segurança de dados:** A proteção dos dados contra violações, acesso não autorizado e utilização indevida é essencial para proteger a privacidade dos indivíduos e manter a confiança nos sistemas de IA.

   - **Regulamentos de privacidade:** Os governos e os organismos reguladores estão a implementar regulamentos de privacidade, como o Regulamento Geral sobre a Proteção de Dados (RGPD), para proteger os direitos de privacidade dos indivíduos e garantir práticas responsáveis de tratamento de dados.

2. **Preconceitos nos sistemas de IA:**

   - **Enviesamento dos dados:** os enviesamentos presentes nos dados de formação podem conduzir a resultados injustos e a comportamentos discriminatórios nos sistemas de IA, perpetuando os enviesamentos e as desigualdades sociais.

   - **Preconceito algorítmico:** Os preconceitos incorporados nos algoritmos de IA, como a seleção de características, os pressupostos do modelo e os processos de tomada de decisão, podem conduzir a resultados discriminatórios e a um tratamento desigual.

   - **Atenuação de preconceitos:** As estratégias para atenuar o enviesamento nos sistemas de IA incluem a recolha de dados diversificados e representativos, a conceção de algoritmos conscientes da equidade e a monitorização e avaliação contínuas do desempenho do modelo.

3. **Regulamentação e governação:**

   - **Orientações éticas:** São necessários quadros e directrizes éticas para reger o desenvolvimento, a implantação e a utilização de sistemas de IA, garantindo o alinhamento com princípios éticos, valores sociais e direitos humanos.

   - **Supervisão regulamentar:** Os governos e os organismos reguladores estão a estabelecer regulamentos e normas para responder a preocupações relacionadas com a ética, transparência, responsabilidade e segurança da IA.

- **Normas da indústria:** As iniciativas e colaborações da indústria estão a desenvolver normas, melhores práticas e esquemas de certificação para promover o desenvolvimento e a implementação responsáveis da IA em todos os sectores.

4. **Transparência e explicabilidade:**

   - **Interpretabilidade:** A falta de transparência nos algoritmos de IA pode prejudicar a confiança e a responsabilização, dificultando a interpretação e a validação dos resultados do modelo, especialmente em aplicações de alto risco, como os cuidados de saúde e a justiça penal.

   - **Explicabilidade:** Os sistemas de IA devem ser concebidos para fornecer explicações para as suas decisões e previsões, permitindo aos utilizadores compreender o raciocínio subjacente e os factores que influenciam os resultados.

5. **Envolvimento do público e educação:**

   - **Sensibilização e educação:** Promover a sensibilização e a compreensão do público em relação às tecnologias de IA, às suas capacidades, limitações e impactos sociais é essencial para uma tomada de decisões informada e uma utilização responsável da IA.

   - **Envolvimento das partes interessadas:** O envolvimento de diversas partes interessadas, incluindo decisores políticos, líderes da indústria, académicos e organizações da sociedade civil, em discussões sobre ética, governação e regulamentação da IA promove a colaboração e a construção de consensos.

Abordar as implicações sociais da IA requer uma abordagem multi-stakeholder envolvendo governos, indústria, academia e sociedade civil. Ao dar prioridade à privacidade, justiça, transparência e considerações éticas no desenvolvimento e implantação da IA, as partes interessadas podem criar confiança, mitigar riscos e maximizar os benefícios sociais das tecnologias de IA.

Possibilidades e limitações da Inteligência Artificial Geral (IAG)

A Inteligência Artificial Geral (AGI) refere-se a sistemas de IA com a capacidade de compreender, aprender e aplicar conhecimentos numa vasta gama de tarefas e domínios, à semelhança da inteligência humana. Esta secção explora as possibilidades e limitações da AGI, considerando tanto as suas potenciais capacidades como os desafios associados à obtenção de uma verdadeira inteligência semelhante à humana.

1. **Possibilidades da AGI:**

   - **Versatilidade:** Os sistemas AGI têm potencial para realizar uma vasta gama de tarefas cognitivas, incluindo a perceção, o raciocínio, a resolução de problemas, a compreensão da linguagem e a tomada de decisões, em diversos domínios e contextos.

- **Adaptabilidade:** Os sistemas AGI podem adaptar-se a novos ambientes, aprender com a experiência e generalizar os conhecimentos a novas situações, permitindo-lhes enfrentar desafios complexos e dinâmicos do mundo real.

- **Criatividade:** Os sistemas AGI podem exibir pensamento criativo, inovação e capacidade de resolução de problemas, gerando novas ideias, soluções e percepções para além do âmbito das instruções pré-programadas.

2. Limitações da AGI:

- **Complexidade computacional:** A realização da AGI exige a superação de desafios computacionais significativos, incluindo o processamento de grandes quantidades de dados, a simulação de processos cognitivos complexos e o desenvolvimento de algoritmos capazes de generalizar conhecimentos e aprender com dados esparsos.

- **Implicações éticas e sociais:** A IAG suscita preocupações éticas relacionadas com a responsabilidade, a autonomia e o potencial impacto na sociedade, incluindo a deslocação de postos de trabalho, a desigualdade e a concentração de poder nas mãos dos sistemas de IA.

- **Segurança e controlo:** Garantir a segurança e o controlo dos sistemas AGI é fundamental para evitar consequências indesejadas, utilização indevida ou o aparecimento de comportamentos indesejáveis, tais como preconceitos não intencionais, desalinhamento de valores ou acções adversas.

3. Direcções de investigação:

- **Ciência Cognitiva:** A investigação interdisciplinar em ciências cognitivas, neurociências, psicologia e linguística fornece conhecimentos sobre a cognição e a inteligência humanas, orientando o desenvolvimento de modelos e algoritmos AGI.

- **Aprendizagem automática e aprendizagem profunda:** Os avanços nos domínios da aprendizagem automática, da aprendizagem profunda e da aprendizagem por reforço são essenciais para a criação de sistemas AGI escaláveis, eficientes e robustos, capazes de aprender com os dados e a experiência.

- **Computação neuromórfica:** A computação neuromórfica, inspirada na estrutura e função do cérebro humano, é promissora para o desenvolvimento de arquitecturas de hardware eficientes do ponto de vista energético e inspiradas no cérebro para a AGI.

4. Considerações éticas e sociais:

- **Conceção ética:** Garantir a conceção, o desenvolvimento e a implantação éticos dos sistemas AGI exige a adesão a princípios éticos, transparência, justiça, responsabilidade e valores centrados no ser humano.

- **Impacto social:** Compreender e abordar o impacto social da AGI, incluindo a deslocação de postos de trabalho, a desigualdade e a redistribuição da riqueza e do poder, é essencial para promover o desenvolvimento inclusivo e equitativo da IA.

Conclusão:

A Inteligência Artificial Geral promete revolucionar a sociedade, transformar as indústrias e resolver alguns dos desafios mais prementes que a humanidade enfrenta. No entanto, a realização da IAG coloca desafios científicos, técnicos, éticos e sociais significativos que devem ser abordados de forma responsável e em colaboração. Ao fomentar a investigação interdisciplinar, ao promover o desenvolvimento ético da IA e ao envolver diversas partes interessadas em debates sobre as implicações da IAG, podemos navegar pelas oportunidades e desafios da IAG e aproveitar o seu potencial transformador em benefício da humanidade.

Especulações sobre a Singularidade: A Coexistência da Humanidade com a IA

O conceito de Singularidade refere-se a um ponto hipotético no futuro em que a inteligência artificial (IA) ultrapassa a inteligência humana, conduzindo a mudanças profundas e imprevisíveis na sociedade. Esta secção explora as especulações sobre a Singularidade e analisa a forma como a humanidade pode coexistir com a IA num futuro em que as máquinas inteligentes podem ultrapassar as capacidades humanas.

1. **Cenários da Singularidade:**

   - **Singularidade tecnológica:** Neste cenário, os avanços da IA aceleram exponencialmente, conduzindo a uma transformação rápida e sem precedentes da sociedade, conhecida como a "explosão da inteligência".

   - **Superinteligência:** O aparecimento de sistemas de IA superinteligentes, com capacidades que ultrapassam as dos seres humanos em todos os domínios, pode conduzir a resultados imprevisíveis, incluindo avanços tecnológicos, riscos existenciais ou o aparecimento de entidades de IA benevolentes ou malévolas.

2. **Coexistência com a IA:**

   - **Inteligência aumentada:** Em vez de encarar a IA como uma ameaça à inteligência humana, os proponentes da inteligência aumentada defendem a relação simbiótica entre os seres humanos e a IA, em que a IA melhora as capacidades humanas, a criatividade e a tomada de decisões.

   - **IA centrada no ser humano:** Conceber sistemas de IA que dêem prioridade aos valores, objectivos e bem-estar humanos é essencial para promover a confiança, a colaboração e a coexistência entre os seres humanos e a IA.

- **Governação ética:** O estabelecimento de quadros éticos, mecanismos reguladores e estruturas de governação é crucial para garantir o desenvolvimento, a implantação e a utilização responsáveis da IA, promovendo a transparência, a responsabilidade e a equidade.

3. Implicações sociais:

- **Perturbação económica:** A adoção generalizada de tecnologias de IA pode levar à deslocação de postos de trabalho, a mudanças nos padrões de emprego e à redistribuição da riqueza, exigindo iniciativas de adaptação e requalificação para mitigar as desigualdades socioeconómicas.

- **Desafios culturais e éticos:** A IA levanta questões culturais, éticas e existenciais profundas sobre a natureza da consciência, da identidade, da autonomia e do papel dos seres humanos num mundo cada vez mais governado por máquinas inteligentes.

- **Riscos existenciais:** A emergência de uma IA superinteligente apresenta riscos existenciais para a humanidade, incluindo o potencial para consequências não intencionais, o desalinhamento de valores ou a perda de controlo sobre os sistemas de IA.

4. Colaboração e gestão:

- **Colaboração interdisciplinar:** A abordagem das implicações sociais da IA exige uma colaboração interdisciplinar entre cientistas, engenheiros, especialistas em ética, decisores políticos e partes interessadas de diversos domínios e origens.

- **Administração da IA:** Promover o desenvolvimento e a implantação responsáveis da IA exige uma ação colectiva, responsabilidade partilhada e cooperação global para garantir que a IA sirva o bem comum e se alinhe com os valores e aspirações humanos.

As especulações sobre a Singularidade levantam questões importantes sobre a futura relação da humanidade com a IA e as implicações do facto de a IA ultrapassar a inteligência humana. Ao adotar uma abordagem da IA centrada no ser humano, ao fomentar a governação ética e ao promover a colaboração e a gestão, a humanidade pode enfrentar os desafios e as oportunidades da Singularidade e coexistir com a IA num futuro em que as máquinas inteligentes desempenham um papel cada vez mais importante na formação da sociedade.

Capítulo 5: Aproveitar o poder de forma responsável

Quadros éticos para o desenvolvimento e a implantação da IA

À medida que as tecnologias de Inteligência Artificial (IA) continuam a avançar, torna-se cada vez mais crucial garantir que o desenvolvimento e a implementação da IA são orientados por princípios e valores éticos. Este capítulo explora vários quadros éticos e considerações para o desenvolvimento e implementação responsáveis da IA.

1. **Princípios éticos:**

   - **Transparência:** Os sistemas de IA devem ser transparentes nas suas operações, processos de tomada de decisão e resultados para facilitar a compreensão, a responsabilização e a confiança entre os utilizadores e as partes interessadas.

   - **Responsabilidade:** Os criadores e implantadores de sistemas de IA devem ser responsáveis pelas decisões e acções dos seus sistemas, incluindo a resolução de enviesamentos, erros e consequências não intencionais.

   - **Equidade:** Os sistemas de IA devem ser concebidos e implantados de forma a promover a justiça, a equidade e a não-discriminação, garantindo que não beneficiam ou prejudicam injustamente indivíduos ou grupos com base na raça, no género ou noutras características protegidas.

2. **Design centrado no ser humano:**

   - **Centrar-se no utilizador:** Os sistemas de IA devem ser concebidos tendo em conta as necessidades, as preferências e o bem-estar dos utilizadores, dando prioridade à usabilidade, à acessibilidade e à capacitação dos utilizadores.

   - **Direitos humanos:** O desenvolvimento e a implantação da IA devem respeitar e defender os direitos humanos fundamentais, incluindo a privacidade, a liberdade de expressão e a proteção contra a discriminação e os danos.

3. **Privacidade e proteção de dados:**

   - **Minimização de dados:** Os sistemas de IA devem minimizar a recolha, o armazenamento e a utilização de dados pessoais na medida do necessário para os fins a que se destinam, garantindo a privacidade do utilizador e a proteção dos dados.

   - **Consentimento informado:** Os utilizadores devem ser informados sobre a recolha, processamento e partilha dos seus dados pelos sistemas de IA e devem ter opções para controlar os seus dados e preferências de privacidade.

4. **Explicabilidade e interpretabilidade:**

   - **Explicabilidade:** Os sistemas de IA devem ser concebidos para fornecer explicações para as suas decisões e previsões, permitindo aos utilizadores compreender o raciocínio e os factores que influenciam os resultados.

- **Interpretabilidade:** Os algoritmos de IA devem ser interpretáveis e compreensíveis para as partes interessadas, incluindo os criadores, os utilizadores e as entidades reguladoras, para facilitar a auditoria, a validação e a responsabilização.

5. Governação e regulamentação:

- **Governação ética:** O estabelecimento de quadros éticos, directrizes e mecanismos de supervisão é essencial para reger o desenvolvimento, a implantação e a utilização de sistemas de IA de uma forma que esteja em conformidade com os princípios éticos e os valores sociais.

- **Conformidade regulamentar:** Os programadores e implementadores de IA devem cumprir as leis, regulamentos e normas da indústria aplicáveis relacionados com a ética da IA, a privacidade, a proteção de dados e a proteção do consumidor.

As estruturas éticas para o desenvolvimento e implantação de IA fornecem orientação e princípios para garantir que as tecnologias de IA sejam desenvolvidas e implantadas de forma responsável, ética e de maneira alinhada com os valores e aspirações da sociedade. Ao priorizar a transparência, a responsabilidade, a justiça e o design centrado no ser humano, as partes interessadas podem aproveitar o poder da IA para impulsionar a inovação, melhorar o bem-estar humano e enfrentar os desafios da sociedade, minimizando os riscos e os impactos adversos.

Transparência e responsabilidade nos sistemas de IA

À medida que os sistemas de Inteligência Artificial (IA) se integram cada vez mais em vários aspectos da sociedade, garantir a transparência e a responsabilização é essencial para criar confiança, mitigar riscos e defender padrões éticos. Esta secção explora a importância da transparência e da responsabilidade nos sistemas de IA e as estratégias para as alcançar.

1. Importância da transparência:

- **Compreender as decisões:** A transparência nos sistemas de IA permite aos utilizadores compreender como são tomadas as decisões, fornecendo informações sobre o raciocínio e os factores que influenciam os resultados.

- **Criar confiança:** Os sistemas de IA transparentes fomentam a confiança entre os utilizadores, as partes interessadas e o público em geral, promovendo a abertura, a honestidade e a integridade nas suas operações.

- **Detetar enviesamentos e erros:** A transparência permite às partes interessadas detetar enviesamentos, erros e consequências não intencionais nos sistemas de IA, facilitando a responsabilização e as acções correctivas.

2. Elementos de transparência:

- **Explicabilidade:** Os sistemas de IA devem ser concebidos para fornecer explicações para as suas decisões e previsões, permitindo aos utilizadores compreender o raciocínio e os factores que influenciam os resultados.

- **Interpretabilidade:** Os algoritmos de IA devem ser interpretáveis e compreensíveis para as partes interessadas, incluindo os criadores, os utilizadores e as entidades reguladoras, para facilitar a auditoria, a validação e a responsabilização.

- **Documentação:** A documentação exaustiva dos sistemas de IA, incluindo fontes de dados, arquitecturas de modelos, processos de formação e métricas de desempenho, promove a transparência e a reprodutibilidade.

3. Mecanismos de responsabilização:

- **Responsabilidade dos criadores:** Os criadores de sistemas de IA devem ser responsáveis pelas decisões e acções dos seus sistemas, incluindo a resolução de enviesamentos, erros e consequências não intencionais.

- **Capacitação dos utilizadores:** Fornecer aos utilizadores ferramentas de transparência, tais como interfaces de explicabilidade e mecanismos de feedback, permite-lhes compreender, questionar e contestar as decisões e os resultados da IA.

- **Supervisão regulamentar:** Os organismos reguladores e as associações industriais desempenham um papel crucial na aplicação de normas de transparência e responsabilidade para os sistemas de IA através de regulamentos, directrizes e mecanismos de conformidade.

4. Desafios e considerações:

- **Compensações:** Alcançar a transparência nos sistemas de IA pode implicar compromissos entre a explicabilidade, o desempenho e a complexidade computacional, exigindo uma análise cuidadosa e o equilíbrio de prioridades concorrentes.

- **Preocupações com a privacidade:** As medidas de transparência devem respeitar a privacidade dos utilizadores e os requisitos de proteção de dados, garantindo que as informações sensíveis não são divulgadas ou comprometidas no processo.

- **Complexidade algorítmica:** A complexidade inerente aos algoritmos de IA, como as redes neuronais profundas, pode colocar desafios à obtenção de transparência e interpretabilidade, exigindo o desenvolvimento de técnicas e metodologias especializadas.

5. Governação ética:

- **Quadros éticos:** O estabelecimento de quadros e directrizes éticas para o desenvolvimento e a implantação da IA promove a transparência, a responsabilização e a inovação responsável da IA.

- **Envolvimento das partes interessadas:** Envolver diversas partes interessadas, incluindo desenvolvedores, usuários, reguladores e organizações da sociedade civil, em discussões sobre transparência e responsabilidade em sistemas de IA promove a colaboração, a construção de consenso e a responsabilidade compartilhada.

A transparência e a responsabilidade são princípios fundamentais para garantir o desenvolvimento e a implantação responsáveis dos sistemas de IA. Ao dar prioridade a medidas de transparência, implementar mecanismos de responsabilização e promover a governação ética, as partes interessadas podem criar confiança, mitigar riscos e maximizar os benefícios sociais das tecnologias de IA, minimizando os potenciais danos.

Colaboração entre a indústria, o meio académico e o governo

A colaboração entre a indústria, o mundo académico e o governo é essencial para impulsionar a inovação, fazer avançar a investigação e enfrentar os desafios societais no domínio da Inteligência Artificial (IA). Esta secção explora a importância da colaboração entre estes sectores e os benefícios que traz para o desenvolvimento e a implantação de tecnologias de IA.

1. Investigação e desenvolvimento:

- **Experiência no sector:** Os parceiros da indústria trazem conhecimentos, experiência e recursos do mundo real para projectos de investigação em colaboração, ajudando a colmatar o fosso entre a teoria e a prática.

- **Excelência académica:** As instituições académicas contribuem com investigação de ponta, quadros teóricos e ideias inovadoras para projectos de colaboração, impulsionando a descoberta científica e os avanços tecnológicos.

- **Apoio governamental:** O financiamento, as subvenções e as iniciativas governamentais apoiam projectos de investigação em colaboração, fornecendo recursos financeiros e infra-estruturas para fazer avançar a investigação e o desenvolvimento da IA.

2. Desenvolvimento de talentos:

- **Estágios na indústria:** Os programas de colaboração entre a indústria e o meio académico, tais como estágios, colocações cooperativas e projectos patrocinados pela indústria, proporcionam aos estudantes uma valiosa experiência prática, exposição à indústria e oportunidades de estabelecimento de contactos.

- **Parcerias académicas:** As parcerias da indústria com instituições académicas apoiam o desenvolvimento de talentos através de projectos de investigação conjuntos, bolsas de estudo para estudantes e programas de formação em colaboração em domínios relacionados com a IA.

- **Iniciativas governamentais:** Os programas de educação e formação financiados pelo governo apoiam o desenvolvimento de talentos em IA através de bolsas de estudo, bolsas de estudo e iniciativas de desenvolvimento da força de trabalho destinadas a criar uma força de trabalho de IA qualificada.

3. Transferência de tecnologia:

- **Comercialização:** Os esforços de colaboração entre a indústria e o meio académico facilitam a comercialização da investigação e das tecnologias de IA, traduzindo as descobertas académicas em aplicações práticas, produtos e serviços.

- **Incubação de start-ups:** Incubadoras, aceleradores e gabinetes de transferência de tecnologia apoiam o lançamento e o crescimento de start-ups de IA, fornecendo financiamento, orientação e acesso a redes e recursos do sector.

- **Apoio político:** As políticas e a regulamentação governamentais desempenham um papel crucial no apoio à transferência de tecnologia e aos esforços de comercialização, proporcionando incentivos e apoio à inovação e ao empreendedorismo no domínio da IA.

4. Normas e regulamentação:

- **Normas da indústria:** Os esforços de colaboração entre a indústria, o meio académico e o governo contribuem para o desenvolvimento de normas, melhores práticas e orientações para o desenvolvimento, a implantação e a regulamentação responsáveis das tecnologias de IA.

- **Quadros regulamentares:** Os regulamentos e políticas governamentais fornecem orientação e supervisão para a utilização ética e responsável da IA, abordando preocupações relacionadas com a privacidade, segurança, preconceitos e responsabilidade.

- **Envolvimento de várias partes interessadas:** As colaborações entre as várias partes interessadas que envolvem a indústria, o meio académico, o governo e a sociedade civil promovem o diálogo, a criação de consensos e a responsabilidade partilhada para enfrentar os desafios sociais e éticos da IA.

5. Enfrentar os desafios societais:

- **Grandes Desafios:** As iniciativas de colaboração abordam grandes desafios societais, como os cuidados de saúde, as alterações climáticas e a sustentabilidade, tirando partido das tecnologias de IA para impulsionar a inovação, melhorar a tomada de decisões e resolver problemas complexos.

- **Parcerias público-privadas:** As parcerias público-privadas reúnem a indústria, o meio académico e o governo para enfrentar os desafios societais, combinando recursos, conhecimentos e redes para desenvolver soluções de IA que beneficiem a sociedade como um todo.

- **Cooperação global:** A colaboração internacional e as iniciativas de partilha de conhecimentos promovem a colaboração entre países, instituições e organizações, fomentando a inovação, a diversidade e a inclusão no desenvolvimento e na implantação de tecnologias de IA.

A colaboração entre a indústria, o meio académico e o governo é fundamental para impulsionar a inovação, fazer avançar a investigação e enfrentar os desafios sociais da IA. Ao alavancar os pontos fortes, recursos e conhecimentos complementares de cada sector, as partes interessadas podem acelerar o desenvolvimento e a implantação de tecnologias de IA, garantindo simultaneamente uma inovação responsável e ética da IA que beneficie a sociedade como um todo.

Educação e desenvolvimento de competências para a força de trabalho da IA

Com o rápido avanço das tecnologias de Inteligência Artificial (IA), há uma procura crescente de uma força de trabalho qualificada, equipada com os conhecimentos e a experiência necessários para desenvolver, implementar e gerir eficazmente os sistemas de IA. Esta secção explora a importância da educação e do desenvolvimento de competências para a mão de obra de IA e as estratégias para satisfazer a procura crescente de talentos de IA.

1. **Desenvolvimento curricular:**

   - **Programas de formação em IA:** As instituições académicas desenvolvem programas de formação em IA, incluindo licenciaturas e pós-graduações, certificados e cursos online, para dotar os estudantes de conhecimentos e competências fundamentais em conceitos, algoritmos e aplicações de IA.

   - **Abordagem interdisciplinar:** Os programas de ensino de IA adoptam uma abordagem interdisciplinar, integrando a informática, a matemática, a estatística e os conhecimentos específicos de um domínio para proporcionar aos estudantes uma compreensão holística das tecnologias de IA e das suas aplicações em vários domínios.

2. **Aprendizagem prática:**

   - **Aprendizagem baseada em projectos:** Os projectos práticos e os exercícios práticos permitem aos alunos aplicar conceitos e algoritmos de IA a problemas do mundo real, desenvolvendo o pensamento crítico, a resolução de problemas e as competências de colaboração.

   - **Estágios e programas de cooperação:** As parcerias da indústria com instituições académicas oferecem aos estudantes oportunidades de estágios, colocações cooperativas e projectos patrocinados pela indústria, permitindo-lhes ganhar experiência prática e exposição à indústria em funções relacionadas com a IA.

3. Programas de formação especializada:

- **Formação contínua:** Os programas de formação contínua, workshops e campos de treino oferecem aos profissionais a oportunidade de actualizarem as suas competências e conhecimentos em tecnologias de IA, acompanhando os últimos avanços e tendências do sector.

- **Formação empresarial:** As empresas investem em programas de formação corporativa para melhorar as competências da sua força de trabalho em tecnologias de IA, fornecendo aos funcionários os conhecimentos e a experiência necessários para tirar partido da IA nas suas funções e contribuir para os objectivos organizacionais.

4. Colaboração com a indústria:

- **Parcerias com a indústria:** As iniciativas de colaboração entre instituições académicas e parceiros industriais proporcionam aos estudantes acesso a projectos, mentores e recursos relevantes para a indústria, colmatando o fosso entre a teoria académica e a prática da indústria.

- **Palestras e seminários convidados:** Especialistas e profissionais da indústria dão palestras, seminários e workshops em instituições académicas, partilhando as suas ideias, experiências e melhores práticas no desenvolvimento e implementação de IA.

5. Diversidade e Inclusão:

- **Perspectivas diversas:** A promoção da diversidade e da inclusão nos programas de educação e formação em IA assegura a representação de um vasto leque de perspectivas, origens e experiências, enriquecendo os resultados da aprendizagem e fomentando a inovação.

- **Acesso equitativo:** Proporcionar um acesso equitativo às oportunidades de educação e formação em IA, incluindo bolsas de estudo, ajuda financeira e programas de orientação, garante que os indivíduos de grupos sub-representados tenham a oportunidade de seguir carreiras em IA.

A educação e o desenvolvimento de competências são essenciais para a construção de uma força de trabalho de IA qualificada, capaz de impulsionar a inovação, enfrentar os desafios da sociedade e maximizar os benefícios das tecnologias de IA. Ao investir em programas de educação em IA, experiências de aprendizagem prática, iniciativas de formação especializada e colaboração com parceiros da indústria, as partes interessadas podem equipar os indivíduos com o conhecimento, as competências e a experiência necessários para ter sucesso em funções relacionadas com a IA e contribuir para o avanço da tecnologia de IA.

Cultivar um ecossistema de IA inclusivo e ético

À medida que a Inteligência Artificial (IA) se torna cada vez mais integrada em vários aspectos da sociedade, é imperativo fomentar um ecossistema de IA inclusivo e ético que promova a diversidade, a equidade, a transparência e a responsabilidade. Esta secção explora a importância de cultivar um tal ecossistema e estratégias para garantir que as tecnologias de IA beneficiam todos os indivíduos e comunidades.

1. **Diversidade e representação:**

    - **Promover a diversidade:** Incentivar a diversidade na força de trabalho da IA, incluindo a diversidade de género, racial, étnica e socioeconómica, promove a inovação, a criatividade e o desenvolvimento de tecnologias de IA que reflectem as necessidades e perspectivas de populações diversas.

    - **Conceção inclusiva:** A adoção de princípios de conceção inclusiva garante que os sistemas de IA são acessíveis e utilizáveis por indivíduos com diversas capacidades, antecedentes e preferências, minimizando o risco de preconceitos e práticas de exclusão.

2. **Orientações e princípios éticos:**

    - **Quadros éticos:** O estabelecimento de directrizes e princípios éticos para o desenvolvimento e a implementação da IA promove a inovação responsável e ética da IA, realçando valores como a justiça, a transparência, a responsabilidade e a conceção centrada no ser humano.

    - **Educação ética:** Proporcionar educação e formação sobre a ética da IA e o desenvolvimento responsável da IA garante que os profissionais, os criadores e as partes interessadas da IA estejam equipados com os conhecimentos e as competências necessárias para enfrentar os desafios e dilemas éticos das tecnologias de IA.

3. **Envolvimento da comunidade:**

    - **Colaboração das partes interessadas:** O envolvimento de diversas partes interessadas, incluindo organizações comunitárias, grupos da sociedade civil e comunidades marginalizadas, em discussões sobre políticas, regulamentos e aplicações de IA promove a colaboração, a inclusão e a tomada de decisões partilhadas.

    - **Conceção participativa:** A adoção de abordagens de design participativo envolve os utilizadores finais e as comunidades na co-criação e co-design de tecnologias de IA, assegurando que as suas vozes, valores e necessidades são considerados ao longo do processo de desenvolvimento.

4. **Práticas de dados responsáveis:**

- **Privacidade dos dados:** A implementação de medidas robustas de privacidade e segurança de dados protege os direitos de privacidade dos indivíduos e garante que os dados pessoais recolhidos pelos sistemas de IA são tratados de forma responsável, ética e em conformidade com as leis e regulamentos aplicáveis.

- **Práticas justas de dados:** Garantir práticas de dados justas, como a minimização de dados, o consentimento e a transparência, evita o uso indevido, o abuso e a discriminação dos dados dos indivíduos em algoritmos e aplicações de IA.

5. **Governação e regulamentação:**

- **Supervisão ética:** O estabelecimento de mecanismos de governação e de quadros regulamentares para a IA garante que as tecnologias de IA são desenvolvidas, implantadas e utilizadas de uma forma que está em conformidade com os princípios éticos, os direitos humanos e os valores sociais.

- **Conformidade regulamentar:** A aplicação da conformidade com directrizes, normas e regulamentos éticos promove a transparência, a responsabilidade e o comportamento responsável entre os programadores, implementadores e utilizadores de IA.

Cultivar um ecossistema de IA inclusivo e ético é essencial para garantir que as tecnologias de IA beneficiem todos os indivíduos e comunidades, minimizem riscos e danos e promovam o bem-estar social. Ao priorizar a diversidade, a equidade, a transparência e a responsabilidade no desenvolvimento e implantação da IA, as partes interessadas podem construir confiança, promover a colaboração e aproveitar o potencial transformador da IA para o benefício da humanidade.

Conclusão

Para concluir, "Unraveling the Mysteries of Artificial Intelligence" tem como objetivo dotar os leitores de uma compreensão abrangente da IA, desde o seu início até ao seu potencial futuro. À medida que navegamos nas complexidades desta tecnologia transformadora, é imperativo que abordemos o seu desenvolvimento e implementação com diligência, responsabilidade e previsão. Abraçando as oportunidades e enfrentando os desafios, podemos aproveitar o poder da IA para moldar um futuro que não seja apenas inteligente, mas também equitativo e sustentável.

Este livro serve de roteiro tanto para principiantes como para especialistas, convidando-os a embarcar numa viagem às profundezas da aprendizagem automática e a emergir com uma nova apreciação das maravilhas e responsabilidades inerentes ao domínio da inteligência artificial.

Referências

Gupta, N.A. Literature Survey on Artificial Intelligence. 2017. Disponível online:https://www.ijert.org/research/a-literature-survey-on-artificial-intelligence-IJERTCONV5IS 19015.pdf

McCarthy, J.; Minsky, M.L.; Rochester, N.; Shannon, C.E. A Proposal for the Dartmouth Summer Research Project on Artificial Intelligence. *AIMag.* **2006**, *27, 12.*

Moore, A. Carnegie Mellon Dean of Computer Science on the Future of AI. Disponível em linha: https://www.forbes.com/sites/peterhigh/2017/10/30/carnegie-mellon-dean-of-computer- science-on-thefuture-of-ai/#3a283c652197 (acedido em 7 de janeiro de 2020).

Becker, A.; Bar-Yehuda, R.; Geiger, D. Randomised algorithms for the loop cutset problem. *J. Artif Intell.Res.* **2000**, *12,* 219-234.

Singer, J.; Gent, I.P.; Smaill, A. Backbone fragility and the local search cost peak. *J. Artif. Intell. Res.* **2000**, *12,*235-270.

Chen, X.; Van Beek, P. Conflict-directed backjumping revisited. *J. Artif. Intell.* Res. **2001**, *14,* 53-81.

Hong, J. Reconhecimento de objectivos através da análise de gráficos de objectivos. *J. Artif. Intell. Res.* **2001**, *15,* 1-30.

Stone, P.; Littman, M.L.; Singh, S.; Kearns, M. ATTAC-2000: Um agente de licitação autónomo e adaptável. *J.Artif. Intell. Res.* **2000**, *15,* 189-206.

Peng, Y.; Zhang, X. Integrative data mining in systems biology: from text to network mining. *Artif. IntellMed.* **2007**, *41,* 83-86.

Zhou, X.; Liu, B.; Wu, Z.; Feng, Y. Exploração integrada da literatura sobre medicina tradicional chinesa e MEDLINE para redes genéticas funcionais. *Artif. Intell. Med.* **2007**, *41,* 87-104.

Wang, S.; Wang, Y.; Du, W.; Sun, F.; Wang, X.; Zhou, C.; Liang, Y. Um algoritmo genético guiado por várias abordagens com aplicação à previsão de operões. *Artif. Intell. Med.* **2007**, *41,* 151-159.

Halal, W.E. A inteligência artificial está quase a chegar. *Horizon* **2003**, *11,* 37-38. Disponível em linha: https://www.emerald.com/insight/content/doi/10.1108/10748120310486771/full/html (acedido em 7 de janeiro de 2020).
Masnikosa, V.P. O problema fundamental da realização de uma inteligência artificial. *Kybernetes* **1998**, *27,* 71-80

Metaxiotis, K.; Ergazakis, K.; Samouilidis, E.; Psarras, J. Apoio à decisão através da gestão do conhecimento: o papel da inteligência artificial. *Inf. Manag. Comput. Secur.*

2003, *11*, 216221.

Raynor, W.J. O dicionário internacional de inteligência artificial. *Ref. Rev.* **2000**, *14*, 1-380.

Printed by Books on Demand GmbH, Norderstedt / Germany